MÉMOIRE

SUR LES CAUSES

Qui, dans la Cavalerie, donnent lieu à la perte d'une grande quantité de Chevaux,

Par J. B. GOHIER, Professeur à l'École vétérinaire de Lyon.

» Rien de si difficile à extirper
» qu'un abus. »

A LYON;

Chez REYMANN et Comp., Libraires, rue St-Dominique, N.° 63.

AN XII. — 1804.

INTRODUCTION.

S'IL est dans la Cavalerie quelque point essentiel, digne de fixer l'attention du gouvernement et des chefs de corps, c'est sans contredit tout ce qui peut avoir pour objet la conservation des chevaux. La tolérance d'une foule d'abus dans cette partie devient d'une conséquence importante par les maladies et les désordres qu'elle entraîne toujours, et dont on n'a ressenti que trop jusqu'ici les funestes suites.

Indépendamment de ces abus, il existe encore une foule d'autres causes qui exercent leurs influences dangereuses sur la santé de nos fidelles compagnons de guerre, et dont l'empire fatal semble prendre tous les jours un nouveau degré de force par l'inattention, l'intérêt particulier et le défaut de lumières, tant de la part de plusieurs officiers supérieurs, que de celle de quelques Vétérinaires.

L'objet important que j'essaie de traiter, dans ce mémoire, sera divisé en douze articles, dans lesquels je détaillerai toutes les causes destructives que j'ai observées dans les corps où j'ai eu occasion d'exercer l'art vétérinaire, j'indiquerai ensuite les moyens qui me semblent les plus avantageux pour prévenir ou détruire dans leur principe les abus que je cherche à signaler.

A la fin de ce mémoire je présenterai des vues qui n'ont pu trouver place ailleurs, et dont l'exécution ne paraîtrait pouvoir produire les plus heureux résultats.

Si la manière de remonter en chevaux la cavalerie n'était pas changée, je ne pourrais m'empêcher d'ajouter ici un article de plus, concernant les vices attachés aux modes établis pour la remonter.

Il n'est personne qui ne sache, en effet, combien les remontes qui ont été faites pendant la guerre que nous venons d'éprouver sur le continent, ont été peu favorables à la cavalerie, pour ne pas dire funestes, en ne lui procurant le plus souvent que des chevaux qui n'étaient nullement propres au genre de service auquel ils étaient destinés, soit par l'âge, la taille, les vices, les défauts de conformation, etc. L'intrigue la plus astucieuse et la plus condamnable présidait à presque tous les marchés et fournitures, sans que personne osât chercher à la dévoiler : de nombreuses sommes d'argent étaient reçues de tous côtés, pour refuser ou accepter des milliers de chevaux. C'est par ces misérables moyens qu'une foule d'hommes ont acquis des richesses immenses, en compromettant la vie de leurs fils, de leurs frères, et celle d'une multitude de militaires qui combattaient pour eux. De combien de cavaliers ce commerce illicite n'a-t-il pas causé la perte ? Combien ne s'en est-il pas trouvé qui eux-mêmes ont tué leurs chevaux, pour ne pas périr avec eux dans la première affaire ?

Si ceux qui se sont rendus coupables de tous ces désordres, refléchissaient sur leur conduite passée, et sur les maux incalculables qu'elle a occasionés dans les armées et dans des milliers de familles, il n'est pas croyable qu'ils vécussent paisiblement au milieu de toutes leurs richesses.

Mais à quoi bon, dira-t-on peut-être, revenir sur des maux aussi grands et auxquels il n'est pas possible de remédier ? Le gouvernement les a, il est vrai, bien sentis, et rien n'était plus propre à y mettre un frein que le nouveau mode qu'on vient d'adopter pour les remontes. Par ce mode, et avec les connaissances hippiatriques que vont avoir les officiers chargés de l'achat des chevaux, il est à présumer que pour peu que les inspecteurs de cavalerie usent de sévérité, on ne verra plus les régimens aussi mal montés qu'ils l'étaient il y a quelque temps, et qu'ils le sont même encore aujourd'hui.

Quelques-uns des articles que je traite dans ce mémoire l'ont déjà été par plusieurs Vétérinaires, mais sans succès: peut-être cet écrit n'en aura-t-il pas plus. Quoi qu'il en soit, j'aurai rempli une tâche que je me suis imposée depuis long-temps, en faisant connaître des vérités que je crois utiles.

MÉMOIRE

SUR LES CAUSES

Qui, dans la Cavalerie, donnent lieu à la perte d'une grande quantité de chevaux.

Parmi les causes qui occasionnent la perte d'une multitude de chevaux de troupe, les unes agissent directement et les autres indirectement sur la santé de ces animaux, et leurs effets sont plus ou moins marqués dans tel régiment que dans tel autre, suivant l'ordre qui y règne, et les soins que l'on donne aux différentes branches du service.

Les plus fréquentes et les plus dangereuses que j'ai été à portée de remarquer, sont :

1.° La mauvaise qualité des fourrages en général.

2.° La construction vicieuse d'un grand nombre d'écuries.

3.° La mauvaise tenue de presque toutes les infirmeries.

4.° Le défaut d'ordre dans la plupart des quartiers, relativement aux écuries des chevaux attaqués de maladies contagieuses.

5.° Le peu de précaution que l'on prend concernant les équipemens qui proviennent de ceux affectés de ces maladies.

6.° Le peu de soin qu'on a généralement des chevaux en route, et la pernicieuse habitude de faire voyager ceux qui sont soupçonnés de morve.

7.° Le peu de lumières qu'ont en hippitriatique la majeure partie des officiers de cavalerie.

8.° Les places de Vétérinaires occupées par de simples maréchaux.

9.° Le trop petit nombre de Vétérinaires, en temps de guerre sur-tout.

10.° La modicité des émolumens accordés à ces Vétérinaires.

11.° L'infériorité du grade auquel ils sont assimilés.

12.° Le peu de connaissances réelles de plusieurs d'entr'eux.

Chacun de ces articles demanderait sans doute de grands détails, mais, comme je me propose simplement de donner une idée des causes et des abus qui entraînent après eux les suites les plus fâcheuses, et auxquels il est aussi instant que facile de remédier, je me bornerai à une courte analyse de chacun d'eux.

I.

Mauvaise qualité des fourrages en général.

Depuis long-temps la majeure partie des régimens se plaint de la mauvaise qualité des fourrages, et ce n'est pas sans fondement. La plupart des entrepreneurs paraissent aujourd'hui tellement habitués à des gains excessifs, et l'examen que l'on fait généralement de leurs fournitures est si léger, que tout ce qu'il y a de plus mauvais dans leurs cantons est ordinairement ce qu'ils délivrent de préférence.

Quoique cette seule cause entraîne journellement la perte d'une quantité innombrable de chevaux dans tous les corps, soit par des épizooties meurtrières, soit par d'autres maladies non moins redoutables, il s'en manque bien qu'on porte à cet article toute l'attention qu'il mérite.

Il n'est pas rare cependant d'entendre des plaintes de différens régimens, mais ces plaintes sont rarement examinées avec la rigueur dont leur nature les rend susceptibles. D'ailleurs, on ne trouve que trop souvent de ces hommes cupides, qui non seulement cherchent à les rendre sans effet, lors même qu'elles sont des plus justes, mais encore se rangent du parti des entrepreneurs, quoique pleinement convaincus du peu de qualité de leurs fournitures (1).

---

(1) Dans le mois de Prairial an 9, le 20.me régiment de chasseurs, en garnison à Arras, se plaignit de la qualité des fourrages, notamment de la paille qui était fortement rouillée, et qui occasionnait beaucoup de maladies. Des arbitres furent nommés pour l'examiner; le garde-magasin en choisit deux, et je fus désigné pour être celui du corps, attendu que j'y étais alors Vétérinaire. Nos rapports étant en opposition, on nomma un tiers qui fut du même avis que celui choisi par le fournisseur. Je demandai alors à ces arbitres d'assigner la cause de toutes les maladies qui se déclaraient chaque jour, et que j'attribuai à la paille rouillée; cette question ne pouvant être résolue que par des gens de l'art, on eut recours à un Vétérinaire, pour faire l'examen des chevaux et des alimens dont ils étaient nourris. Il attribua leur maladie à la crudité de l'eau qui les abreuvait, et soutint avec les deux autres experts que les fourrages

Le Ministre de la guerre, qui ne peut juger des plaintes qu'un régiment porte sur les fourrages, que d'après le procès-verbal qui lui en a été envoyé, lequel n'est jamais accompagné d'un échantillon de ces denrées, se trouve souvent réduit à prononcer d'après ces indices

---

étaient de bonne qualité. La plus grande partie des chevaux du corps paraissant menacés d'une épizootie qui en peu de temps pouvait faire les plus grands ravages, j'obtins qu'il serait encore nommé un expert; mais il fut du même avis que les premiers. On arrêta par un procès-verbal dont copie fut adressée au Ministre de la guerre, que la paille et le foin étant jugés de bonne qualité, on ne pouvait les refuser. Je demandai ensuite qu'il fût envoyé un échantillon de ces denrées à l'école vétérinaire la plus voisine ou à la commission d'agriculture de Paris, pour y être jugé de nouveau : on rejeta hautement cette proposition, et on contraignit le régiment à recevoir les fourrages qui avaient fait le sujet de plusieurs expertises, bien qu'il y eût toujours un grand nombre d'animaux malades. Pendant les huit mois suivans, le corps perdit 131 chevaux, et presque tout le reste tomba dans un état méconnoissable, plein de gale, de vermine, de farcin, comme je l'ai fait voir par le mémoire que j'ai publié à ce sujet. (*Voyez le mémoire intitulé : Des effets des Pailles rouillées*; à Lyon, chez Reymann, *rue St-Dominique*).

Peu de temps après ces plaintes, il s'en éleva de semblables à Douay, à Lille, à Bruxelles, à Rouen, etc., et toutes eurent à peu près le même résultat; le triomphe des fournisseurs et la perte d'une prodigieuse quantité de chevaux.

N'est-ce pas là le cas de dire avec un Vétérinaire célèbre, que les fournisseurs des armées sont des gens à miracle, par l'art qu'ils possèdent de faire voir clair aux aveugles et de faire entendre les sourds ?

imparfaits des jugemens qui donnent tort à celui qui peut avoir droit et vice versâ (2).

Si nous avions un recueil de toutes les épizooties qui se sont manifestées dans la troupe, depuis la dernière guerre continentale sur-tout, nous verrions que les trois-quarts au moins de ces terribles maladies, ont été produites par des fourrages altérés ou corrompus (3).

La mauvaise qualité des fourrages ne produit pas toujours, il est vrai, des maladies épizootiques ; il en est des animaux comme des hommes : on en voit qui

(2) On en voit la preuve dans le mémoire dont je viens de parler ; le Ministre de la guerre ordonna de recevoir les fourrages qui avaient été jugés bons par trois experts. Il est probable qu'il n'en eût pas été ainsi, si un échantillon de ces fourrages eût été joint au procès-verbal qui lui fut envoyé.

(3) Vers la fin de Ventôse an 8, les fourrages manquant dans la ville de Metz, on envoya dans les endroits voisins les chevaux de plusieurs dépôts : ceux du 20.me régiment de chasseurs furent destinés pour Boulay, village à quatre lieues de Metz, où il se trouvait sept à huit mille bottes de foin de quatre ans, à moitié pourri, et répandant une odeur infecte. Le chef du dépôt, les officiers et moi nous fîmes inutilement diverses représentations, pour qu'en bottelant ce foin, on rejeta celui qui était gâté : les chevaux en avaient douze livres par jour sans paille, et ils n'en mangeaient guères plus de la moitié : le reste leur servait de litière.

Au bout d'un mois d'une semblable nourriture, on rentra à la garnison, où il se trouvait alors du foin et de la paille d'une assez bonne qualité, mais l'avoine était très-mauvaise ; elle avait été mouillée dans les champs et dans les greniers, ce qui lui avait donné une odeur de moisi insupportable. Après diverses plaintes on en eut cependant de meilleure ;

peuvent se nourrir pendant assez long-temps d'alimens avariés, sans en éprouver d'effets nuisibles. Mais par la suite, les plus petits dérangemens de l'économie animale, les plus légères blessures peuvent être suivis des accidens les plus graves, et de la mort. C'est ainsi qu'on voit fréquemment dans la troupe beaucoup de maladies de poitrine, de maux de garot, de javarts encornés entraîner la perte des animaux, en très-peu de temps; qu'on voit des coups de pieds; qui ne sont rien en apparence, être suivis d'engorgemens considérables et assez souvent mortels; qu'on voit la castration, l'extirpation ou la cautérisation du farcin, l'application des sétons, etc. occasionner également les accidens les plus funestes.

On ne doit donc pas être étonné du peu de succès dont sont quelquefois suivies plusieurs opérations chirurgicales dans la cavalerie; il est beaucoup de cas, en effet, où il faut moins attribuer aux Vétérinaires les accidens qui suivent ou accompagnent ces opérations, qu'au genre de nourriture auquel ont été soumis les animaux opérés. Il en est de même en ce qui concerne le traitement des maladies internes.

Non seulement les chevaux de cavalerie n'ont pas toujours des fourrages de la qualité requise, mais encore,

---

mais, dans les premiers jours de Germinal, il ne s'en déclara pas moins une épizootie qui, dans l'espace de quinze jours, attaqua 90 chevaux, et en enleva 34; ce ne fut qu'avec beaucoup de peine que je parvins à en arrêter les progrès. (*On peut voir le Mémoire sur les maladies épizootiques qui se manifestèrent, l'une à Metz, et l'autre dans la commune de Tramois, département de l'Ain.* A Lyon, chez Reymann).

par des substitutions combinées par les fournisseurs, et préjudiciables au service, les prive-t-on souvent de la ration qui leur est accordée par la loi : si dans une division militaire, par exemple, la paille se trouve d'un prix un peu plus cher que de coutume, les entrepreneurs cherchent tous les moyens d'en faire réduire la quantité et d'y suppléer par de mauvais foin ; on fait le contraire, quand c'est celui-ci qui est le plus cher (4).

Quant à l'avoine, souvent elle a été mouillée dans les magasins, afin de la faire gonfler, et elle ne fournit plus alors qu'un aliment d'un usage très-dangereux ; quelquefois aussi elle est pleine de poussière, de saletés, ou l'on y a laissé une certaine quantité de ses balles pour en augmenter le volume (5).

---

(4) Au commencement de l'an 10, l'entrepreneur des fourrages de la ville d'Arras, voyant que la paille était plus chère qu'à l'ordinaire, se fit donner par différens maires des environs de la ville des certificats qui attestaient que cette denrée était très-rare. Celui de la garnison d'Arras, et quelques autres lui refusèrent néanmoins de semblables certificats. Son projet était de faire mettre les rations de paille à six livres, et de donner deux livres de mauvais foin de plus.

(5) Dans le mois de Nivôse an 10, le 20.me régiment de chasseurs refusa de l'avoine qui avait été fortement mouillée dans le magasin : cela donna encore lieu à des expertises, mais qui eurent les mêmes suites que celles des pailles rouillées, dont j'ai déjà parlé : j'avais cependant convaincu l'adjoint au maire de la ville, en présence de plusieurs officiers, de la mauvaise foi du garde-magasin, en lui faisant voir divers tas d'avoine encore humide, que je trouvai dans différens endroits du grenier, et dans des sacs ; mais cette fois l'entrepreneur pour lever toute difficulté, repré-

Lorsque les fournisseurs ne peuvent ni mouiller l'avoine, ni la donner avec ses balles, ou de la poussière, plusieurs prennent un autre expédient : c'est de la délivrer par petites mesures. De cette manière, comme ils ont sur une quantité donnée beaucoup plus de fois à racler, il en résulte pour eux par chaque prise un bénéfice assez grand (6). Un Vétérinaire de mes amis m'a assuré avoir surpris, étant dans un régiment de hussards, un entrepreneur qui trompait d'une autre manière en délivrant l'avoine; il avait fait adapter au conduit qui partait du grenier pour descendre à la partie inférieure du bâtiment où les cavaliers tendent leurs sacs, un second conduit dont le diamètre était d'environ le quart du premier, et qui se rendait dans un autre petit magasin, où environ le cinquième de chaque ration se trouvait versé : après diverses plaintes portées contre le fournisseur, le Vétérinaire fit la visite des greniers, et trouva cette seconde décharge (7).

---

senta, que tenant au corps, je ne pouvais être nommé son arbitre : on en nomma alors deux de la ville, qui attestèrent que ce grain n'avait souffert aucune altération, et qu'en conséquence on ne pouvait le refuser. On fut contraint de recevoir l'avoine que le capitaine, alors de police, et moi avions rejetée. Peu de jours après, on vit naître plusieurs maladies de poitrine, et deux officiers perdirent chacun un cheval de ces maladies, pour avoir doublé pendant environ une semaine la ration de cette avoine.

(6) J'ai vu à Rouen, un garde-magasin vouloir persister à délivrer l'avoine de cette manière, parce que, disait-il, elle était de très-bonne qualité.

(7) Ce sont, sans doute, toutes ces abominables fourberies qui ont fait dire à un grand philosophe : » je voudrais que » les gens instruits voulussent ou osassent donner une fois

Je ferai observer encore que, quand on parvient, ce qui est assez rare, à convaincre les fournisseurs et leurs arbitres de la mauvaise qualité des fourrages, on néglige trop les précautions nécessaires pour empêcher qu'on n'en délivre bientôt de semblables, ou que ces mêmes fourrages ne soient eux-mêmes mis en distribution.

Toutes les fois qu'il a été constaté que ces denrées peuvent être nuisibles à la santé des chevaux, il nous semble qu'on devrait toujours les brûler à la porte des magasins, et quant à l'avoine, la jeter à l'eau; autrement on ne tarde pas à les distribuer de nouveau (8).

» au public, le détail des horreurs qui se commettent dans » les armées, par les entrepreneurs des vivres et des hôpi- » taux : on verrait que leurs manœuvres, non trop secrettes, » par lesquelles les plus brillantes armées se fondent en » moins de rien, font plus périr de soldats, que n'en mois- » sonne le fer ennemi ».

JEAN-JACQUES ROUSSEAU : *Discours sur l'origine et les fondemens de l'inégalité parmi les hommes.*

(8) Le 24 Prairial an 10, je fus encore nommé arbitre avec un bourgeois de la ville d'Arras, pour examiner une certaine quantité de foin qui venait d'être refusé par le régiment déjà cité. Nous reconnûmes que le foin *rationné* était un mélange de bon et de mauvais; mais nous en trouvâmes environ cent bottes absolument gâtées, qui étaient étendues pour sécher et être ensuite mêlées avec d'autre. Lorsqu'il fut constaté que ce foin ne pouvait être mis en distribution, je demandai qu'on le brûlât sur le champ : on s'y opposa. Le chef d'escadron qui commandait le régiment par interim, et l'adjoint au maire de la ville, consentirent qu'il fût seulement jeté hors le magasin. Il arriva de cette tolérance, que pendant les nuits suivantes, ce foin fut mêlé à d'autre pour être distribué, comme j'ai eu occasion de m'en convaincre.

Ces diverses denrées ont encore rarement leur poid et leur mesure : que l'on pèse du foin ou de la paille, on se convaincra toujours, qu'il manque par botte 5 à 6 hectogr. (une livre à une livre et un quart). Si l'on ajoute à cela les ramassis que les fournisseurs font généralement mettre au milieu des bottes, la grosseur démesurée des liens qui assez souvent sont mouillés, le déchet qu'éprouve le foin sur-tout, depuis le moment où on le reçoit, jusqu'à celui où on le délivre aux chevaux, on trouvera aisément la principale cause de l'état de maigreur et même de marasme de la plupart de ces animaux.

Ce qu'il y a d'assez étonnant dans plusieurs corps à l'égard de la qualité et du poids des fourrages, c'est que les artistes Vétérinaires ne peuvent aller au magasin pour y faire les observations que leur place leur prescrit, s'ils n'y sont appelés par le commandant ou autres officiers.

On ne trouve pas moins singulier que pour l'expertise des fourrages refusés par un régiment, on préfère quelquefois un officier au Vétérinaire. il est vrai que si un Artiste manque de lumières ou de probité, on doit sans hésiter, le faire suppléer par l'officier du corps qui a le plus de connaissances en hippiatrique. Mais dès que ce Vétérinaire est incapable de procéder à une telle expertise, il l'est également d'occuper le poste qui lui est confié.

Une chose assez extraordinaire encore, c'est qu'on voit quelquefois recevoir par un régiment des fourrages qu'un autre corps ou détachement voisin aura refusés (9).

---

(9) Pendant le second trimestre de l'an 10, le 20.me régiment de chasseurs qui était toujours en garnison à Arras,

Souvent aussi les fournisseurs s'opposent à ce que le Vétérinaire ou un Officier d'un régiment qui porte des plaintes, soit nommé arbitre pour l'expertise des fourrages. J'en ai rapporté un exemple plus haut.

Enfin, outre les nombreuses maladies qu'on peut attribuer à la qualité plus ou moins défectueuse du fourrage sec, il en est aussi d'autres qui sont produites par le verd qu'on fait prendre chaque année aux chevaux les plus jeunes, ou qui sont en mauvais état. L'intérêt des fournisseurs dans ces opérations l'emporte toujours sur celui des régimens, par l'inattention ou la faiblesse des Vétérinaires et des Chefs qui commandent les détachemens.

Le verd étant ordinairement au compte des entrepreneurs, peu leur importe quelle que soit sa qualité, pourvu qu'il leur coûte moins que les rations de fourrage. Aussi, pendant que l'on pourrait en avoir de très-bon, dans les endroits mêmes où l'on est en station, ou dans les villages voisins, voit-on quelquefois envoyer les chevaux à dix ou douze lieues de la garnison : on en devine la raison. Là on a à bon compte de l'herbe de prairies marécageuses, composées en grande partie de lèches, de toute-bonnes, de renoncules, de caillelaits, etc, que les chevaux ne mangent pas ou presque pas.

Le poids de ces herbes, qui contiennent toujours beaucoup d'eau de végétation, étant ordinairement fixé à quatre-vingt-dix ou cent livres, et les *pesées*

---

avait un escadron détaché à Hesdin; le fourrage que refusait avec raison le capitaine commandant cet escadron, était conduit au magasin d'Arras, où le corps le recevait sans difficulté, malgré les maladies qui se déclaraient chaque jour.

ayant lieu à deux ou trois heures du matin, il est aisé de s'appercevoir que la nourriture des chevaux qui sont au verd, pèche et par la qualité, et par la quantité ; aussi n'est-il pas rare d'y voir périr plusieurs de ces animaux, ou de les voir revenir en plus mauvais état qu'ils n'y sont allés. En outre ces chevaux sont presque toujours contre des murs sous des hangars, ou dans des granges, sans litière dans la boue jusqu'aux boulets, et sans pouvoir se coucher. On peut juger si un verd de cette nature n'est pas quelquefois plus nuisible qu'utile aux animaux. Si on ne mettait au verd que les chevaux qui en ont strictement besoin, ce régime serait toujours avantageux ; mais, par un préjugé mal fondé qu'il ne peut être que salutaire, et par les conseils de certaines personnes, qui sont intéressées à ce qu'on y soumette le plus de chevaux possibles, il arrive souvent à cet égard les plus graves inconvéniens.

L'expérience prouve malheureusement que les Artistes Vétérinaires, sur ce point comme sur beaucoup d'autres, ne sont pas toujours à même de faire les observations que leur dicte l'exercice de leurs fonctions. Le grade auquel ils sont assimilés, et les ménagemens qu'ils ont à garder avec les conseils d'administration, dont ils dépendent entièrement pour leur traitement, les en empêchent absolument.

Les moyens qui me paraissent les plus propres à remédier à la majeure partie des abus énoncés dans ce chapitre, sont :

1.° De faire aux Vétérinaires un sort assez avantageux, pour ne pas les mettre à chaque moment à la merci des conseils d'administration.

2.° De les assimiler à un grade qui puisse les exempter des différends qu'ils ont quelquefois avec les sous-officiers qui trafiquent de la nourriture des chevaux.

3.° D'obliger le capitaine Adjudant-Major de police, à spécifier, à toutes les prises sur une feuille particulière, la qualité des foins, pailles et avoines.

4.° De dresser à la fin de chaque mois un état résumé de ces feuilles, lequel serait signé du Chef du corps, du Major, des deux Adjudans-Major et du Vétérinaire, pour être envoyé au Général commandant la division, et au Commandant de la ville.

5.° De faire brûler à la porte des magasins les fourrages qui seraient reconnus nuisibles à la santé des chevaux, et de jeter à l'eau toute avoine gâtée.

6.° Lorsqu'un régiment porterait des plaintes au Général divisionnaire, ou au Ministre de la guerre, sur la qualité des fourrages, d'y faire ajouter un échantillon de ces denrées, pris en présence du Préfet, ou du Commandant de la place, et cacheté par eux.

7.° Enfin, de ne diminuer des rations accordées par la loi, qu'en cas de disette bien constatée, et lorsqu'il en aurait été ainsi ordonné, par les Inspecteurs généraux de cavalerie, ou le Ministre de la guerre.

Quant à la nourriture verte, on ne pourra en espérer de meilleur effet, que lorsqu'on aura spécifié à peu près la qualité de l'herbe, et la quantité que doit en avoir chaque cheval, relativement à telle ou telle arme, et quand on prendra plus de précaution pour faire passer les chevaux de la nourriture sèche à la nourriture verte, et de celle-ci à l'autre.

II.

CONSTRUCTION VICIEUSE *d'un grand nombre d'écuries.*

Les animaux comme les hommes, ont besoin pour jouir d'une santé parfaite, d'habiter des endroits sains et bien aérés. L'air, ce fluide salutaire, sans lequel nul être animé ne peut vivre, joue dans l'économie animale un aussi grand rôle que les alimens ; il peut même être considéré comme le principal, puisque dès qu'il est altéré, la vie est en danger.

Ainsi, toutes les fois que des écuries seront trop basses, peu aérées, que les issues en seront mal placées, le sol bas et humide, les mangeoires appuyées contre des murs répondant à des terrasses, que ces écuries contiendront une trop grande quantité de chevaux, proportionnellement à leur grandeur, etc., il ne faudra pas s'étonner de voir naître une foule de maladies : telles que la morve, le farcin, les fluxions de poitrine catarrales, les fluxions périodiques, les engorgemens des jambes, etc. C'est sur-tout dans les quartiers qui avoisinent les remparts, qu'on remarque le plus ordirement ces sortes de maladies, qui font toujours de très-grands ravages, sans que l'on paraisse chercher à en découvrir les causes, ni à en diminuer les effets (10).

---

(10) M. Chabert, nous a rapporté plusieurs fois dans ses leçons avoir vu des corps perdre une très-grande quantité de chevaux, par de semblables causes : une fois il fut appelé pour examiner les chevaux d'un escadron qui tous devenaient morveux, tandis que les autres du régiment jouissaient d'une bonne santé. En considérant l'écurie, il reconnut qu'elle était extrêmement humide, que les man-

Peut-être doit-on en grande partie à l'humidité des écuries et au peu de circulation de l'air atmosphérique, ces pertes immenses que plusieurs maîtres de poste et cultivateurs éprouvent continuellement, par les effets de la morve, ou autres maladies non moins redoutables, que la crédulité publique et le charlatanisme attribuent à des sorts jetés sur les animaux.

Il y a peu de temps que M. Fromage, à qui la science doit déjà des observations intéressantes, fit voir, par un mémoire qu'il publia au sujet d'une maladie qui se manifestait dans une ferme du département de Seine et Marne, que cette maladie, qui avait déjà enlevé une vingtaine de chevaux, et que les gens du pays et même le fermier attribuaient à un sortilége, n'était occasionnée et entretenue que par l'humidité du sol, les exhalaisons des couches de terre imprégnées d'urine, et le défaut de renouvellement de l'air (11).

M. Teissier a bien senti tous les inconvéniens qui résultaient de la mauvaise construction des écuries de cavalerie, et il serait à désirer que les vues qu'il a proposées pour celles à construire, fussent mises à exécution (12).

Il est des quartiers où les écuries ne sont insalubres

---

geoires se trouvaient appuyées contre une terrasse, et que les longes de cuir et les licous mêmes s'y pourrissaient très-promptement. Il la fit évacuer, on l'exhaussa, on y pratiqua les ouvertures nécessaires, et la morve ne reparut plus.

(11) *Voyez* MOYENS de faire cesser la mortalité des chevaux dans une ferme du département de Seine et Marne, par Michel FROMAGE, Professeur à l'École vétérinaire d'Alfort.

(12) Observations sur les maladies des bestiaux, etc., *page* 167 et suiv.

que par le trop grand nombre de chevaux que l'on y met proportionnellement à leur grandeur. Les animaux les plus robustes y sont bientôt attaqués de maladies presque toujours rebelles à combattre. Si l'on objecte que le terrain est précieux, on répondra avec Bourgelat (13) que les chevaux ne le sont pas moins.

Quelquefois on est dans l'impossibilité de pouvoir faire coucher les gardes d'écurie dans les infirmeries des régimens, parce qu'une fois les portes fermées, on y respire l'air le plus infect. Qu'on juge d'après cela de l'état des animaux qui y sont renfermés.

Cependant, comme les saisons obligent souvent de fermer les écuries des chevaux malades, et que d'ailleurs, pendant les nuits, dans la plus grande partie de l'année, elles doivent l'être, on pense qu'il serait utile, après qu'on aurait désigné dans chaque quartier un nombre suffisant d'infirmeries, d'y pratiquer des ventouses, comme M. Teissier l'a proposé, dans l'ouvrage qui vient d'être cité. Les dépenses que cela occasionnerait, seraient peu considérables, et il en résulterait sûrement de très-bons effets. Une telle mesure n'est pas non plus à dédaigner pour les écuries où l'on ne peut percer de jours que d'un côté. Il n'est pas possible, sans doute, de reconstruire toutes les écuries qui pèchent par une mauvaise exposition, ou par une trop grande humidité; mais il est aisé de diminuer la somme des maux que ces vices de construction occasionnent, en faisant relever le sol de quelques-unes, placer les anneaux à une plus grande distance dans d'autres, et en y ménageant les ouvertures nécessaires pour la libre circulation de l'air atmosphérique.

(13) Traité de la conformation extérieure du cheval.

III.

Mauvaise tenue de presque toutes les infirmeries.

Pour peu que l'on observe attentivement la tenue des infirmeries de cavalerie, on est bientôt convaincu qu'une partie des chevaux malades, loin d'y trouver leur guérison, n'y rencontrent le plus souvent qu'une mort plus ou moins prochaine. D'abord ces animaux sont rarement nourris et exercés comme ils devraient l'être : on les place presque toujours dans les écuries les moins salubres, où ils sont quelquefois pressés les uns contre les autres, au point de ne pouvoir se coucher; d'autres fois ils en occupent qui sont extrêmement grandes, et où pendant l'hiver, ils éprouvent le froid le plus vif (14). Ceux qui n'ont que de simples blessures, sont mêlés avec d'autres affectés de maladies contagieuses, ou occupent les écuries dans lesquelles ces derniers ont resté, et les mêmes hommes pansent indistinctement des chevaux blessés et d'autres attaqués de maladies contagieuses.

Dans quelques régimens, on est cependant assez attentif sur ce dernier point; mais dans d'autres, on s'en occupe si peu, qu'il n'est pas rare de voir des cavaliers qui auront été à l'infirmerie panser pen-

(14) J'ai vu en l'an 11 et en l'an 12, au quartier dit *de la Douane*, à Lyon, une écurie à jour de tous côtés, dans laquelle il pouvait tenir environ 100 chevaux, n'en contenir pendant un hiver très-rigoureux, que sept à huit, parmi lesquels il s'en trouvait de morveux, de farcineux, de galeux, de blessés, etc.

dant quelque temps des chevaux morveux, farcineux, etc., revenir à leurs compagnies en panser d'autres avec les mêmes instrumens. Ceci ne se pratique que trop malgré les représentations des Artistes Vétérinaires.

S'il était absolument vrai, comme le pensent quelques personnes, que la morve, le farcin et la gale ne sont pas ou presque pas susceptibles de se communiquer, il n'y aurait rien à craindre de cette négligence. Mais quelles sont les expériences et les observations qui nous démontrent la vérité de cette assertion? N'avons-nous pas au contraire une foule de faits trop avérés qui nous attestent que la première de ces maladies sur-tout est éminemment contagieuse? Il serait possible cependant qu'un grand nombre d'expériences bien faites nous prouvât qu'elle ne se communique pas aussi aisément qu'on se l'imagine. Mais, jusqu'à ce qu'une telle série d'expériences nous ait convaincus, il semble qu'il sera toujours prudent d'éviter tout ce qui peut donner lieu, soit directement, soit indirectement, à ces maladies redoutables, notamment à la morve, qui jusqu'à présent a fait l'opprobre de l'art vétérinaire, et causé la perte d'une multitude innombrable de chevaux, tant dans la cavalerie que chez divers particuliers.

Les maréchaux-des-logis que l'on commet ordinairement à la surveillance des infirmeries, n'ont pas toujours d'ailleurs cette vigilance et cette sévérité nécessaires pour un tel service. Cela ne paraîtra pas étonnant, si l'on fait attention que dans la plupart des corps, c'est en général ce qu'il y a de plus médiocre en sous-officiers que l'on destine à ce poste important. D'un autre côté, les officiers font communément très-peu d'attention à ce qui se passe dans les infirmeries, et les Artistes Vétérinaires ne pouvant, par le grade auquel ils sont assimilés, réprimer les abus qui se commettent tous les jours relativement à la nourriture et aux autres soins qu'on doit aux animaux, sans s'exposer souvent à des querelles sérieuses avec les maréchaux-des-logis leurs égaux en grade, il en résulte que le service des infirmeries est presque toujours mal fait.

Il n'est que trop souvent arrivé que des sous-officiers attachés aux infirmeries ont vendu une partie du foin et de l'avoine des chevaux, ou qu'ils ont laissé, à chaque prise, une portion de ces denrées aux gardes-magasins, par suite d'arrangemens faits entr'eux (15).

Plus d'une fois aussi, des Artistes entièrement dévoués à leur état, et bravant tous les dangers auxquels les exposait leur exactitude à remplir leurs obligations, se sont vus contraints d'accepter, par suite d'un faux préjugé sur l'honneur, le duel que leur proposaient des sous-officiers qui avaient trafiqué de la nourriture des chevaux, et qui faisaient un crime à ces Vétérinaires d'oser se plaindre.

La plus grande partie des chevaux exigeraient pour leur prompt rétablissement une augmentation de nourriture,

---

(15) En l'an 8, le Vétérinaire adjoint du 2.me régiment de dragons, M. Cabaret jeune, prit sur le fait un brigadier, qui depuis long-temps faisait ce commerce; ce brigadier présumant qu'il n'avait rien de bon à espérer de sa conduite, déserta sur le champ. Ceci n'empêcha pas le Maréchal-des-logis qui le remplaça de faire peu de temps après le même trafic: il fut suspendu de ses fonctions, puis destitué.

ou un changement d'alimens, qu'on leur refuse toujours, quoiqu'il fût très-facile de les leur procurer, si l'on avait pour l'infirmerie un magasin particulier où l'on réservât le fourrage des chevaux dont l'état exige la diète, pour le distribuer à ceux qui auraient besoin de surplus.

La plupart des chevaux malades sont aussi trop affaiblis par le retranchement inconsidéré que l'on fait de l'avoine à laquelle on substitue de mauvais son, qui remplit l'estomac et les intestins, mais ne nourrit pas (16).

Au lieu d'échanger l'avoine, comme on le fait ordinairement pour du mauvais son que les gardes-magasins ont toujours en abondance, ne pourrait-on pas l'échanger contre de l'orge, du froment ou du seigle, suivant les besoins et les pays que l'on habite ? Il ne faut pas s'y tromper, dans le traitement de toutes les maladies, une nourriture saine et convenable à l'état des malades est presque toujours préférable aux médicamens ou du moins en seconde beaucoup les effets.

Après la nourriture, l'exercice est, comme on le sait, un des moyens salutaires qu'on ne doit pas négliger, sur-tout pour certaines maladies ; cependant

---

(16) » Le son dépouillé exactement des parcelles de » farine, est inattaquable par les sucs disgestifs : qu'on lave » du son jusqu'à ce qu'il ne blanchisse plus l'eau, qu'on le » fasse sécher, qu'après l'avoir pesé, on le donne à un » cheval qui n'en aura pas mangé pendant plusieurs jours, » qu'on recueille ensuite tous les crottins, qu'on les lave » pour en séparer le son qu'on fera sécher, on trouvera » certainement et le poids, et les qualités qu'il avait avant » d'avoir été avalé ». GILBERT, Instruction sur le vertige abdominal ou indigestion vertigineuse des chevaux, p. 16.

dans plusieurs régimens, on n'y fait que peu ou point d'attention, et le Vétérinaire n'obtient pas toujours ce qu'il désirerait à cet égard.

Dans la majeure partie des corps, il semble qu'une fois que les chevaux sont à l'infirmerie, il n'y a plus que des demi-soins à leur porter, tandis qu'il faudrait au contraire redoubler ceux qu'on leur donne habituellement.

Il est à présumer que toutes ces causes destructives disparaîtraient en grande partie, si les Vétérinaires avaient plus d'autorité qu'ils n'en n'ont, s'ils avaient tous les lumières et le zèle que l'exercice de leur art exige, si on accordait des récompenses à ceux qui feraient des découvertes ou des observations importantes ; et enfin, si on n'employait pas quelquefois au lieu de Vétérinaires, des maréchaux qui n'ont et ne peuvent avoir d'autres talens que ceux que donne l'habitude de manier le marteau.

IV.

Peu d'ordre qu'il y a dans la plupart des quartiers, relativement aux écuries des chevaux affectés de maladies contagieuses.

Si la Morve et le Farcin sont des maladies aussi contagieuses que le démontrent les observations et les écrits des plus célèbres Vétérinaires, on ne doit pas être étonné de voir aujourd'hui dans la troupe, tant de chevaux qui en sont affectés.

Il y a eu pendant cette dernière guerre si peu

l'ordre dans la plupart des quartiers de cavalerie, pour le logement des chevaux de passage et de ceux qui étaient en station, qu'on a placé les chevaux morveux et farcineux dans toutes les écuries, tant saines, qu'infectées des germes de ces maladies qui enlèvent chaque année tant de milliers de chevaux à l'état.

Aussi, lorsqu'un régiment en remplace actuellement un autre, est-on fort embarrassé pour placer convenablement les chevaux sains et les malades : il arrive plus d'une fois qu'on en met des premiers dans des écuries ou il y en a d'autres atteints de maladies contagieuses, et que les derniers occupent celles qui devraient être spécialement réservées à ceux-là.

Les écuries destinées pour servir d'infirmeries, n'étant plus, dans la majeure partie des quartiers, marquées à leurs portes d'une inscription, comme cela se pratiquait anciennement, les Vétérinaires, ou plutôt les Majors ou Adjudans-majors ont, par ce moyen, la faculté dangereuse d'assigner pour les chevaux malades celles qu'ils jugent à propos. D'un autre côté, les officiers qui ont des chevaux douteux ou farcineux, ne voulant pas les mettre avec ceux du régiment, mais dans des écuries saines qu'ils ne font ni blanchir, ni marquer comme suspectes, après que leurs chevaux sont guéris ou morts, et les caserniers ne donnant souvent que des renseignemens imparfaits sur celles de ces écuries qui ont servi à contenir les chevaux attaqués de maladies contagieuses, etc., il n'est pas étonnant que ces redoutables fléaux s'y perpétuent toujours avec une égale force.

Les procédés au surplus que l'on emploie pour la désinfection des écuries, ne sont pas à beaucoup près suffisans pour remplir le but que l'on se propose. En effet, une couche ou deux de chaux appliquées sur les murs, mangeoires et rateliers, sans préalablement les avoir raclés ni lavés à l'eau chaude, ne suffisent pas, d'après l'expérience, pour détruire complettement les particules virulentes qui y sont attachées. Telles sont cependant les moyens généralement employés pour désinfecter les écuries de troupe. » Depuis long-temps, » disent MM. Chabert et Huzard, on complette la désin» fection des écuries suspectes, en les blanchissant à la » chaux, soit détrempée, soit à la colle ».

» Ce moyen qui a paru fondé sur les bons effets qu'on » attribuait à l'eau de chaux, pour la guérison de la » morve, ne produit aucun bien pour la purification » des écuries, et peut, par l'espèce de confiance qu'il » inspire, propager la contagion de cette maladie, ou » la développer ».

» Les préposés au nettoyement des écuries, persuadés » de la vertu prétendue spécifique de la chaux, négli» gent les autres moyens de propreté, et la couche de » chaux recouvre souvent le flux morveux, déposé et » encroûté sur les murs, les auges et les rateliers; mais » cette couche, bientôt enlevée par la salive, la bave, » la boisson, ou le frottement, laisse ces croûtes à » découvert, les chevaux ne tardent pas à les lécher, » et à s'inoculer ainsi la maladie: d'une autre part, les » particules irritantes et caustiques de la chaux déta» chée et devenue pulvérulente par le frottement, » portées dans les nazeaux par l'inspiration, s'attachent » sur la membrane pituitaire, peuvent, en excitant de » l'inflammation et de l'irritation dans cette membrane, » faire naître la morve, si elle n'existe pas, ou la » développer plus ou moins rapidement, si les chevaux

» y ont quelques dispositions. Il ne faut sans doute pas » chercher ailleurs la cause de l'opiniâtreté de cette » maladie, dans certaines écuries parfaitement net- » toyées et blanchies à la chaux » (17).

Il serait cependant très-facile de faire nettoyer à fond, c'est-à-dire, racler et laver à l'eau chaude les écuries que l'on se propose de désinfecter. Il n'en coûterait guères aux régimens que des balais, des racloirs et de l'eau chaude; parce que cela peut être fait en grande partie par les soldats, à titre de corvée, ou par les consignés. Les écuries étant ensuite bien blanchies, on serait certain qu'il n'y aurait plus de dangers à craindre pour les chevaux sains que l'on y placerait.

Les meilleurs moyens, suivant nous, pour arrêter les désastres de la morve produits par l'infection des écuries, moyens dont les frais d'exécution ne peuvent être mis en parallelle avec l'énorme perte de chevaux qu'entraîne une longue et coupable négligence sur ce point, seraient :

1.° De faire nettoyer exactement et blanchir ensuite toutes les écuries des divers quartiers de cavalerie.

2.° De désigner en même temps un nombre suffisant d'écuries pour les chevaux malades, notamment pour ceux affectés de maladies contagieuses.

3.° De faire marquer en gros caractères sur les portes des infirmeries, le genre de maladies pour lesquelles elles seraient destinées.

4.° D'astreindre les caserniers à tenir un registre de ces infirmeries, et à en donner une note aux Vétéri-

---

(17) Instruction sur les moyens de s'assurer de l'existence de la morve, etc., quatrième édition, page 80 et 81.

naires des corps qui y seraient en garnison, ou qui logeraient par passage, afin qu'ils pussent placer les chevaux convenablement à leurs maladies.

5.° D'enjoindre expressement aux Artistes de ne pas souffrir qu'aucun cheval douteux ou farcineux appartenant à des officiers, fût mis dans d'autres lieux que ceux consacrés pour les chevaux du corps frappés de ces maladies.

6.° D'obliger les régimens aux frais de blanchissement des écuries, toutes les fois que leurs chevaux auraient éprouvé une maladie contagieuse quelconque.

V.

MANQUE DE PRÉCAUTIONS concernant les harnachemens des chevaux affectés de morve, de farcin, etc.

Le peu d'attention que l'on fait à l'emploi des harnachemens provenant des chevaux affectés de ces maladies, est encore un des points principaux qui contribuent à les propager parmi les animaux en santé.

Dans la majeure partie des corps, lorsque les chevaux entrent à l'infirmerie pour cause de morve, de farcin ou de gale, leurs harnois restent entre les mains des fourriers ou même des cavaliers, qui s'en servent bientôt pour d'autres chevaux non attaqués de ces maladies. Il est évident que les parties de ces harnachemens, telles que couvertures, panneaux, chabraques, sangles, brides, etc. qui ont eu un contact immédiat avec les animaux affectés, et qui sont conséquemment imprégnées des germes de leurs maladies, ne peuvent que les inoculer imperceptiblement à ceux pour lesquels on les fait servir.

La même chose a lieu à l'égard des bridons d'[illegible]eu-voir, des étrilles, des brosses, etc., avec les[illegible]on panse les chevaux douteux ou farcineux. [illegible]e, comme je l'ai déjà dit, que les mêmes hommes restent quinze jours à soigner ces animaux, sans être relevés par d'autres qui y sont à peu près autant de temps, et tous retournent ensuite avec les mêmes ustensiles, panser les chevaux de leurs compagnies. Si les justes représentations que font les Vétérinaires sur cet objet ne sont pas toujours vaines, il arrive trop souvent qu'elles ne sont observées que momentanément.

Il en est de même des longes et licous des chevaux qui se trouvent guéris de morve ou de farcin. Ces animaux ne devraient jamais rentrer dans les compagnies avec ces objets infectés; cependant, sans avoir égard aux inconvéniens qui peuvent résulter du défaut d'attention à ce sujet, il semble que l'on préfère courir les risques de perdre plusieurs chevaux, plutôt que de sacrifier de mauvais licous, ou de les faire nettoyer de manière à ne pouvoir nuire à ceux à qui on les met, ou qui peuvent les lécher. Lafosse semble faire entendre dans son cours complet d'hippiatrique, *page* 8, que la morve ne se transmet pas par les harnachemens; mais il n'en est pas moins vrai, jusqu'à ce que cette assertion soit bien prouvée, qu'on ne pourra prendre à cet égard trop de précautions.

Il est à la vérité des régimens où l'on est assez circonspect sur ce point; mais on y manque généralement d'une méthode sûre et peu coûteuse pour la désinfection. On prend souvent l'extrême où il faudrait tenir un juste milieu. C'est ainsi que dans presque tous les corps, on faisait anciennement brûler les harnachemens et les ustensiles qui avaient servi aux chevaux

douteux;

douteux, ainsi que les habits des hommes qui avaient pansé ces animaux. Par des procédés aussi rigoureux, il nous semble qu'on ne faisait qu'ajouter une perte à une autre, et qu'on doutait mal à propos de l'efficacité des moyens chimiques, qui sagement employés, peuvent détruire toutes les traces du virus morveux ou farcineux, sans altérer les objets sur lesquels on exerce leur action.

Il serait à désirer, à l'égard de cet article et du précédent, que l'excellente instruction sur la morve, déjà citée, fût plus connue et mieux méditée dans la cavalerie; le nombre des chevaux qui périssent de morve et de farcin serait sans doute bien moins considérable.

On remédiera facilement aux inconvéniens détaillés dans cet article, en établissant dans chaque régiment, un magasin qui serait sous la surveillance du Vétérinaire et du capitaine d'habillemens. Dans ce magasin, on renfermerait tout ce qui proviendrait des chevaux affectés de maladies contagieuses, ou soupçonnées telles; et, lorsqu'il y aurait une certaine quantité d'objets à faire désinfecter, le sellier ferait en présence du Vétérinaire et de l'officier chargé de cette partie, la visite de tout ce qui vaudrait la peine d'être nettoyé, et le reste serait brûlé. Quant aux procédés de désinfection, on peut consulter l'instruction qui vient d'être citée.

Mais, en agissant ainsi, il ne faudrait pas, dans des momens de départ, délivrer les selles et les brides qui se trouveraient dans ce magasin, pour les chevaux à qui il en manquerait, ou pour ceux de l'infirmerie, comme je l'ai vu faire plus d'une fois, afin d'éviter des frais de transport. On sent que les précautions que l'on aurait prises deviendraient nulles, puisqu'on disséminerait de nouveau sur des chevaux sains tous les objets infectés.

C

VI.

PEU DE SOIN que l'on a généralement des ch[illegible] vaux en route, et pernicieuse habitude [illegible] conduire ceux qui sont soupçonnés de mor[illegible]

Les soins et les attentions à donner aux chevaux d'[illegible] régiment qui est en marche, doivent être très-mul[illegible] pliés, si l'on veut éviter cette foule de maladies [illegible] d'accidens de toute espèce auxquels ces animaux s[illegible] exposés en semblable cas.

Il n'est guères de routes, même les plus petites, [illegible] n'entraînent la perte de plusieurs chevaux, par l'ef[illegible] de l'ignorance, de l'incurie et du peu de réflexion [illegible] la part de ceux qui les conduisent ou les gouvernent[illegible]

Les accidens que l'on remarque le plus ordinaireme[illegible] en marche, sont, les blessures plus ou moins grav[illegible] des barres, du garot, du dos et des reins, occasionné[illegible] par des brides et des selles mal ajustées, des port[illegible] manteaux mal faits ou mal placés, etc.; c'est sur-to[illegible] dans les troupes légères, et quand on voyage penda[illegible] les grandes chaleurs de l'été que ces accidens arrive[illegible] le plus souvent.

Ces blessures sont d'autant plus communes et leu[illegible] suites plus dangereuses, qu'on néglige assez souve[illegible] de faire chaque jour la visite de tous les chevaux. C[illegible] s'en rapporte quelquefois pour cela, à l'inspection q[illegible] passent les commandans des compagnies ou même d[illegible] sous-officiers, qui, ignorant pour la plupart la véritab[illegible] conformation du cheval, ne peuvent guères s'appercevo[illegible] des blessures, que quand elles sont très-considérable[illegible] De là, cette foule de légères contusions, qu'il eût é[illegible] facile de guérir dans le principe, et dont plusieurs deviennent incurables et mortelles.

La manière de conduire un régiment qui fait route, la qualité des fourrages que l'on reçoit généralement, la distraction que l'on fait d'une partie de ces fourrages, le peu d'espace que l'on donne aux chevaux dans les écuries, le mélange de ceux qui sont bien portans avec ceux qui sont maigres, faibles, convalescens, et que la moindre fatigue exténue, sont encore des points auxquels on ne fait pas assez d'attention.

Tout ce que l'on peut dire sur le premier article, est, il est vrai, relatif à l'objet du voyage, c'est-à-dire, à la marche réglée ou forcée, à la saison, au temps froid ou chaud, à la nature des chemins, etc. Mais dans tous les cas, on devrait toujours avoir la plus grande attention de ne jamais faire arriver en sueur les chevaux dans les logemens comme cela se pratique trop souvent. Lorsque des circonstances obligent d'accélérer la marche, ou quand on voyage par la pluie, il faudrait en arrivant, bouchonner exactement tous les chevaux, ne les desseller pour le pansement, qu'environ trois heures après l'arrivée du corps, afin de prévenir non seulement des suppressions de transpiration, toujours funestes, mais encore des maux de garot, des cors, etc.(18)

---

(18) Ces mesures sont, on en convient, beaucoup plus aisées à exécuter quand tous les chevaux d'un régiment logent ensemble, que lorsqu'ils sont disséminés chez un grand nombre de particuliers. Cependant, en laissant aux cavaliers un peu plus de temps qu'on n'en donne ordinairement entre le moment de l'arrivée et celui où on sonne pour le fourrage, et en obligeant les sous-officiers à passer avant le pansement dans la majeure partie des écuries de leurs compagnies, il semble qu'il ne serait pas impossible d'obtenir ce qu'on désire à cet égard.

Si l'on fait attention que les chevaux de troupe restent quelquefois une heure et demie ou deux heures attachés aux râteliers et conséquemment dans la plus grande inaction pendant qu'ils sont en sueur ou mouillés, et que toujours sans égard au mal que peuvent faire les courans d'air en pareille circonstance, on laisse ouvertes les portes et les fenêtres des écuries, on cessera d'être étonné de ce que les coliques, les maladies de poitrine, etc. sont si fréquentes en route, ainsi que la morve, le farcin et la gale, à la suite des marches un peu longues.

La nourriture des chevaux, quand on voyage, pèche presque constamment et par la quantité, et par la qualité, parce que les entrepreneurs délivrent toujours en pareil cas ce qu'ils ont de plus mauvaiss dans leurs magasins.

Les chefs de corps se donnant rarement la peine d'aller visiter les fourrages, et les Vétérinaires n'ayant pas le droit de refuser ceux qu'un adjudant-major ou un quartier-maître trouve bons, il en résulte que les chevaux en marche, sont encore beaucoup plus mal nourris qu'en station.

Quant à la quantité, on sait assez que les fourriers et les maréchaux-des-logis chefs s'entendent souvent avec les fournisseurs, à qui ils laissent une certaine quantité de rations qui leur est ensuite remboursée. Le Vétérinaire qui remplit ses devoirs avec exactitude, s'aperçoit aisément de toutes ces basses manœuvres; mais il est obligé de se taire, s'il ne veut pas éprouver une diminution dans ses émolumens ou courir la chance de quelques autres disgraces.

Il importerait de donner toujours aux chevaux d'un régiment qui voyage, assez d'espace pour qu'ils pussent se reposer librement: j'ai vu plus d'une fois ces animaux être pressés les uns contre les autres au point de n'avoir pas plus de 8 à 10 décimètres (deux pieds et demi à trois pieds) de terrain.

C'est avoir trop de crainte, dira-t-on peut-être, pour une nuit que l'on fait passer ainsi aux chevaux : sans doute ce n'est pas un seul abus qui les exténue ; mais c'est en les multipliant de même que les autres causes dont j'ai fait mention, qu'on augmente la perte de ces animaux.

Il est de la plus grande importance, soit en station, soit en route, de ne jamais mettre des chevaux maigres, faibles ou convalescens, à côté d'autres qui sont grands mangeurs ou sujets à mordre ou à ruer ; ces derniers consomment en peu de temps la nourriture qui est donnée pour tous, et les premiers n'en ayant que peu profité, se trouvent bientôt affaiblis au point d'être hors d'état de continuer leur route.

Il y a des chefs de corps qui veulent que les chevaux de l'infirmerie marchent à la queue du régiment, et qu'ils le suivent toujours ; c'est un abus qui coûte la vie à plusieurs de ces animaux. On sait que les compagnies qui sont les dernières, sont toujours plus fatiguées que les premières, parce qu'elles ne peuvent avoir comme elles, un pas réglé ; c'est pourquoi chaque escadron marche tour à tour le premier. Les chevaux de l'infirmerie étant continuellement derrière le régiment, doivent dès-lors être plus fatigués que les autres, attendu qu'ils sont presque continuellement obligés de trotter. Il faudrait donc qu'ils partissent au moins une heure et demie avant ceux du régiment, qu'ils marchassent d'un pas réglé et peu précipité, en faisant halte souvent. On sent qu'alors il serait nécessaire de donner à déjeûner aux chevaux de l'infirmerie une heure et demie ou deux heures avant ceux du corps.

Une autre cause qui entraîne encore la perte d'un grand nombre de chevaux, c'est la pernicieuse habitude dans laquelle l'on est de conduire en route ceux qui sont soupçonnés de morve. Non seulement il en résulte un danger réel pour le corps même et les autres régimens qui peuvent le suivre, mais aussi pour les personnes chez qui on place quelquefois ces animaux. Combien de propriétaires, en effet, ont à se plaindre d'avoir logé chez eux de pareils chevaux.

D'ailleurs, que pense-t-on faire de ces animaux, dont la mauvaise nourriture, les fatigues de la route, le peu de facilité que l'on a pour les panser, etc. ne peuvent qu'aggraver l'état maladif? Après avoir infecté plusieurs autres chevaux du régiment et toutes les écuries dans lesquelles on les a placés, on est presque toujours réduit, en arrivant dans la nouvelle garnison, à les faire abattre, pour ne pas étendre davantage une maladie cruelle qu'ils n'ont déja que trop propagée.

On peut espérer de remédier aux abus énoncés dans cet article,

1.° En portant la plus scrupuleuse attention, lorsque l'on se met en route, à la manière dont les brides et les selles sont ajustées;

2.° En faisant faire, chaque jour de marche et de séjour, au pansement de l'après-midi, une visite exacte de tous les chevaux, par l'Artiste Vétérinaire;

3.° Ayant soin, autant que les circonstances le permettent, de ne pas forcer la marche, sur-tout en approchant des logemens;

4.° En portant plus d'attention à la qualité de la nourriture et à sa quantité ;

5.° En faisant donner pour chaque cheval, le même espace de terrain que quand on est en garnison ;

6.° En mettant ensemble, dans chaque compagnie, les chevaux les plus maigres et les plus faibles ;

7.° En ordonnant toujours le départ de ceux qui sont à l'infirmerie, au moins une heure et demie avant le régiment ;

8.° En ne permettant jamais qu'un cheval qui jette suive le corps, ne jetât-il que sa gourme.

On pourrait, toutes les fois qu'on ne juge pas à propos de faire abattre les chevaux soupçonnés morveux, les confier, pour leur traitement, au soin des Vétérinaires des corps par lesquels on est remplacé, ou à ce défaut, à un Artiste de l'endroit, en laissant un sous-officier et autant de cavaliers qu'il serait nécessaire pour les panser.

VII.

Peu de Lumières qu'ont en hippiatrique la majeure partie des officiers de Cavalerie.

Quoique les officiers de cavalerie ne soient pas obligés d'avoir en hippiatrique de très-grandes lumières, il est néanmoins des parties de cette science sur lesquelles ils devraient posséder quelques notions, afin d'en faire usage au besoin. La connaissance extérieure du cheval, l'hygienne et la ferrure sont des objets qui méritent en effet de fixer leur attention.

Il ne serait peut-être pas moins utile qu'un officier par compagnie ou par escadron, eût une idée générale des maladies et des accidens les plus ordinaires aux chevaux de troupe, pour, en l'absence du Vétérinaire, faire porter à ces animaux les secours nécessaires, ou au moins empêcher que des maréchaux ignorans n'appliquassent des remèdes plus dangereux que les maladies elles-mêmes.

Rien n'est plus commun, quand on est en route, en détachement, au verd, etc., privé d'un Vétérinaire, que de voir des chevaux légèrement malades ou blessés, périr des suites des mauvais traitemens que leur administrent des maréchaux peu instruits. Encore la mort de ces animaux entraîne-t-elle toujours beaucoup de frais.

C'est pour parer à de tels inconvéniens dans les ambulances de l'armée, que M. Huzard fut chargé, il y a environ huit à neuf ans, de rédiger une instruction sommaire destinée aux voituriers, conducteurs de fourgons, etc., qui leur indiquât les moyens propres à conserver leurs chevaux en santé, à prévenir les accidens auxquels ils sont exposés, et à remédier à ceux qui pourraient leur arriver. Cette instruction infiniment utile à tous ceux qui conduisent ou gouvernent des chevaux, devrait être plus connue de nos officiers de cavalerie.

Tant qu'il n'y aura dans la troupe que les Vétérinaires qui posséderont des connaissances en hygienne, et que les officiers, sur-tout les chefs de corps, n'auront que peu ou point d'idées de cette science importante, elle sera toujours, comme elle l'a été jusqu'à présent, livrée à une routine aveugle, dont les chevaux ne manqueront pas d'éprouver les funestes effets. Plusieurs instructeurs, et particulièrement les officiers chargés des remontes, à qui cette partie, ainsi que la connaissance extérieure du cheval ne devrait pas être étrangère, ou l'ignorent entièrement, ou n'en ont que de faibles idées.

L'arrêté qui vient d'être rendu, pour que les corps de cavalerie envoient un officier à une des écoles vétérinaires, parera, sans doute, dorénavant, à cet inconvénient. Mais c'est au temps à décider si on retirera toujours de cette mesure, qui ne peut d'ailleurs qu'être avantageuse, tout le fruit qu'on s'en promet.

Si les officiers, ou plutôt un certain nombre d'officiers, possédaient les connaissances dont on vient de parler, les chevaux, soit en station, en marche, ou au bivouac, seraient bien mieux conduits, mieux gouvernés, on n'en abuserait pas aussi souvent qu'on le fait, et quand on aurait été forcé de les surmener, on connaîtrait au moins les moyens capables de diminuer la somme des maux qu'ils auraient éprouvés ou qui les menaceraient.

Il n'est pas rare, comme je l'ai déjà dit, de voir une foule de maladies causées par des courses véhémentes, des arrêts de transpiration, par l'insalubrité des écuries, la mauvaise qualité des alimens solides et liquides, etc., qu'il eût été facile de prévenir ou au moins d'affaiblir, si on avait possédé quelques connaissances en hygienne vétérinaire.

Ces lumières étant plus répandues dans la troupe, les chefs de corps ne soumettraient peut-être plus aussi souvent et sans des raisons légitimes, les chevaux à tel ou à tel régime, sous prétexte d'éviter des maladies qu'ils supposent pouvoir leur survenir. Une méthode raisonnée succédant à la routine, la voix des Vétérinaires serait immanquablement plus écoutée qu'elle ne l'est, et ces Artistes passeraient du découragement dans lequel ils sont aujourd'hui, à la satisfaction de pouvoir remplir leurs fonctions avec succès.

Rien ne serait plus facile aux officiers de cavalerie, que d'acquérir sur les branches de l'hippiatrique qui les concernent directement, les instructions qui leur sont nécessaires : pour cet effet, il suffirait que les Vétérinaires, moyennant un léger sacrifice de ceux qu'ils instruiraient, démontrassent, pendant chaque été, dans un cours qui durerait trois ou quatre mois, tout ce qu'un officier doit savoir sur l'anatomie, l'extérieur, l'hygienne et la ferrure du cheval. Ils feraient connaître en outre les nouvelles découvertes, les mémoires intéressans qui auraient rapport à l'hippiatrique et à l'équitation, et par là on aurait véritablement ce qu'on appelle des *hommes de cheval*, qualité qui n'est point du tout incompatible avec celle d'*homme de guerre*.

VIII.

Places de Vétérinaires occupées par de simples Maréchaux.

Quoique l'on paraisse bien convaincu que pour exercer avec succès la médecine vétérinaire, il faille nécessairement en avoir fait auparavant une étude particulière et approfondie, on ne laisse pas de voir encore aujourd'hui, dans plusieurs régimens, les places d'Artistes Vétérinaires occupées par des maréchaux qui n'ont aucune idée de cette science, et dont tous les talens se bornent à savoir forger un fer et à l'attacher au pied d'un cheval.

Il n'est guères possible cependant de croire qu'un homme qui n'a fait aucune étude de l'anatomie, de la physiologie, de la matière médicale, de la pathologie, etc., puisse impunément exercer l'art de guérir, cet art si compliqué et si difficile à connaître, pour ce qui concerne les animaux sur-tout. On comprend aisément que le seul savoir de ferrer un cheval ne donne pas de grandes lumières sur les nombreuses maladies auxquelles cet animal est exposé. Dans divers corps, on semble pourtant préférer à des Vétérinaires instruits, ces hommes qui n'ont pour toutes connaissances qu'une aveugle routine, presque toujours funeste aux chevaux dont ils osent entreprendre le traitement.

Il y a environ sept ou huit ans que le Ministre de la guerre, pénétré des suites funestes qui pouvaient résulter de cet abus, ordonna une révision de tous les brevets des Artistes, et défendit d'exercer à tous ceux qui n'en étaient pas munis. Cette mesure produisit pour l'instant quelques effets salutaires; mais elle ne fut pas adoptée dans tous les corps, et plusieurs conservèrent, au mépris de cet ordre, des maréchaux pour remplir les fonctions de Vétérinaires. On pourrait encore en citer aujourd'hui un grand nombre qui sont dans ce cas.

Si l'on éprouve dans le civil beaucoup de difficultés pour retirer la médecine vétérinaire des mains des maréchaux, qui mettent généralement dans l'exercice de cette science un vain et sot orgueil, il n'en devrait pas être de même dans le militaire, où un arrêté du Ministre de la guerre devrait être pour les chefs de corps un ordre inviolable.

Si on manquait de Vétérinaires, on serait bien obligé de se servir des maréchaux les moins ignorans en hippiatrique, pour porter quelque soulagement aux chevaux de cavalerie; mais l'on entretient continuellement trente élèves militaires dans les écoles, indépendamment de près de trois cents envoyés par les départemens, et il se trouve une foule de jeunes élèves qui près de terminer leurs études, désireraient exercer leur art dans la cavalerie, s'ils y jouissaient d'un traitement et d'un grade proportionné à leurs talens.

Il est urgent, sans doute, pour l'honneur et les progrès de la science Vétérinaire, et sur-tout pour l'intérêt du gouvernement, qu'on se hâte de réprimer les abus sur ce point, et de substituer des Artistes éclairés, à ces hommes routiniers, dont la tactique meurtrière coûte tous les jours la vie à des milliers de chevaux.

I X.

Trop petit nombre de Vétérinaires, en temps de guerre sur-tout.

La trop petite quantité d'Artistes Vétérinaires, en campagne principalement, est encore une des causes qui entraînent la perte d'une foule de chevaux. En effet, en temps de guerre, les régimens étant toujours plus ou moins divisés, il est impossible aux Vétérinaires de pouvoir soigner tous les chevaux blessés ou qui tombent malades dans les différens cantonnemens, au petit ou au grand dépôt, etc. On est donc obligé d'abandonner une partie de ces animaux aux soins de divers maréchaux, qui ne peuvent leur porter que des secours très-insuffisans.

En temps de paix même, les soins d'un seul Vétérinaire, quelqu'actif qu'il soit, ne peuvent pas toujours suffire à tout un corps, d'autant plus qu'il se trouve souvent des compagnies détachées, et qu'outre les remontes qui se font tous les ans, où on l'envoie quelquefois, on met encore chaque année une certaine quantité de chevaux au verd, dans des endroits souvent très-éloignés de la garnison, où sa présence est indispensable.

Si l'on calculait les pertes immenses que nous avons éprouvées en chevaux, depuis dix à douze ans, par l'ineptie des hommes que l'on a chargés de les traiter, on sentirait la nécessité de mettre dans chaque corps un Vétérinaire adjoint. Il résulterait, il est vrai, de cette mesure, une dépense annuelle de 11 à 1200 francs; mais il y a tout lieu de croire que cette dépense ne pourrait être comparée à l'avantage qu'on en retirerait, soit en temps de guerre, soit en temps de paix.

S'il en était ainsi, toutes les fois que l'on irait en remonte, on pourrait envoyer un Vétérinaire avec l'officier chargé de cette partie, sans être retenu par l'utilité dont il eût été au corps pendant ce temps. On en userait de même, lorsqu'on ferait prendre le verd, et quand un ou deux escadrons se trouveraient détachés du régiment.

En temps de guerre, un de ces Artistes resterait au corps, et l'autre au petit ou au grand dépôt.

On pourrait de plus retirer d'une telle mesure un autre avantage, non moins précieux que le précédent; ce serait, outre la pratique que cela procurerait aux jeunes Artistes, de ne recevoir dorénavant pour Vétérinaire en chef ou de première classe, dans la cavalerie, que des hommes véritablement instruits dans la pratique comme dans la théorie, et qui auraient passé au moins deux années, en qualité d'adjoints, dans un régiment. Alors, les chefs de corps n'auraient plus à se plaindre qu'on ne leur envoie des écoles que des jeunes gens qui n'ayant que de la théorie et peu de pratique, commettent à chaque moment les fautes les plus graves.

Le moyen que je propose serait d'autant plus facile à mettre aujourd'hui à exécution, qu'il se trouve chez le

Ministre de la guerre une très-grande quantité d'Artistes inscrits pour avoir des places, et qu'il y en a en outre beaucoup dans les départemens et dans les écoles, qui désireraient en obtenir.

X.

Modicité des Émolumens accordés aux Artistes Vétérinaires.

D'après le grand nombre de maladies qui peuvent affecter les chevaux de troupe, et auxquelles tous les abus énoncés dans les articles précédens ne font qu'ajouter, il est étonnant que les Artistes Vétérinaires aient des émolumens aussi modiques.

On voit avec surprise que depuis environ trente-cinq à trente-six ans qu'il y a des Vétérinaires dans la cavalerie, on ne leur ait pas encore accordé un traitement fixe, qui pût les mettre à même de porter aux animaux malades tous les secours qui leur sont nécessaires.

On ne peut se dissimuler que la modicité du traitement qui jusqu'ici leur a été alloué, n'ait été et ne soit encore journellement une des premières causes destructives des chevaux de cavalerie. Le travail et le zèle de tous les hommes, quelque profession qu'ils exercent, et quelques talens qu'ils aient, sont en général proportionnés au salaire qu'ils en retirent. Ainsi, on ne doit pas espérer beaucoup de soins et de sacrifices de la part des Artistes Vétérinaires, tant qu'on ne saura pas mieux les payer, et qu'ils ne seront pas élevés au grade que l'importance de leur art semble leur assigner.

Dans presque tous les corps, le traitement des Vétérinaires est différent, et il est toujours bien au-dessous de ce qu'il devrait être, pour que les animaux malades reçussent tous les soins qu'on leur doit.

Dans quelques régimens, on leur accorde, d'après un arrêté du Ministre de la guerre, qui date d'environ six ans, vingt centimes par mois par chaque cheval, et sur cette somme ils sont tenus de fournir les médicamens et instrumens nécessaires. Dans d'autres, on leur fait, aux mêmes conditions, un traitement fixe qui équivaut à peu près au précédent. Ailleurs, on leur fournit les médicamens et on leur donne par mois vingt, trente ou quarante francs pour leur salaire. On voit par là que dans la plupart des corps, on considère comme de simples ouvriers, à qui ils sont assimilés par leur rétribution, des hommes qui ont consacré leur temps, leur jeunesse et une partie de leur fortune à acquérir un genre de connaissances qui par sa nature est peut-être un des plus utiles à la société.

L'arrêté du Ministre de la guerre qui fixait le traitement des Artistes Vétérinaires à vingt centimes par cheval, par mois, se trouve aujourd'hui annullé par celui des Consuls, du huit Germinal an huit. Ce dernier ne paraît guères plus favorable aux intérêts du gouvernement et des Vétérinaires. Je vais tâcher de faire connaître les dangers dont sera toujours suivie son exécution.

Il est dit par cet arrêté, art. 72. » Le capitaine chargé » supérieurement des détails de l'habillement fera faire » des emplettes en gros des drogues les plus usuelles, » d'après les ordres qu'il recevra à cet effet du conseil » d'administration. »

Art. 73. » L'Artiste Vétérinaire du corps n'emploiera » aucun remède cher et ne fera aucune opération ma-

» jeure, sans préalablement y avoir été autorisé par » l'officier chargé de cette partie, lequel rendra compte » au conseil d'administration des maladies qui entraî- » neraient plus de dépenses que la valeur intrinsèque » du cheval. »

» Le conseil en informera l'inspecteur général, qui » donnera des ordres à ce sujet, après avoir pris ceux » du Ministre. »

Il est évident qu'en suivant cet arrêté, les Vétérinaires seront plus à même qu'ils ne l'ont été jusqu'à présent, d'administrer aux chevaux malades les médicamens qui seront nécessaires pour leur guérison. Mais aussi il est à présumer que de quelque manière que l'on s'y prenne, il en coûtera infiniment plus aux régimens que si ces Vétérinaires avaient un traitement fixe, par lequel ils seraient tenus de fournir eux-mêmes ces médicamens. Ne leur étant alloué par cet arrêté d'autre traitement que celui de simple maréchal-des-logis, qui est de vingt-trois francs par mois, il est certain qu'ils chercheront à bénéficier sur les drogues que l'on prendra chez les apothicaires ou les droguistes. A l'égard des remèdes chers, qu'on semble leur défendre d'employer, ce sont sûrement des vues sages et économiques, dont tout praticien devrait bien se pénétrer, parce que les médicamens les plus coûteux, ne sont pas toujours les plus efficaces. Cependant, il est de ces médicamens chers dont on est plus d'une fois contraint de se servir sans pouvoir les remplacer par d'autres, tels sont le camphre, le quinquina, l'éther etc. Si on les refuse aux Vétérinaires, comme cela pourra arriver quelquefois, par une économie mal entendue ou par défaut de connaissance de la part des officiers chargés de l'achat des médicamens, les Artistes se plaindront avec raison des bornes que l'on

met

met à l'exercice de leur art, et les chevaux malades ne manqueront pas d'en devenir les victimes.

Il est évident que toutes les fois que le traitement d'un animal exige des dépenses qui excèdent sa valeur intrinsèque, il vaut mieux le sacrifier ou l'abandonner à la nature que de tenter sa guérison. Mais qui peut mieux juger de ces cas que le Vétérinaire ?

Quant aux formalités prescrites par l'article 73, il est presque impossible de les remplir, sans exposer les Artistes à des rapports multipliés et souvent inutiles, à un découragement absolu, et les chevaux malades aux accidens les plus graves.

En effet, un cheval qui sera douteux, ou affecté d'une fluxion de poitrine, d'une maladie charbonneuse, ou qui aura un mal de garot, une taupe, etc., n'aura-t-il pas le temps de périr avant que le Vétérinaire ait rendu compte de sa maladie, et avant qu'il ait reçu l'ordre de de mettre en usage les remèdes propres à la combattre ? n'est-ce pas en quelque sorte humilier et décourager l'Artiste que de l'obliger à de pareilles formalités.

L'arrêté dont il vient d'être parlé n'est pas encore, il est vrai, généralement exécuté. Dans la plupart des régimens, les Vétérinaires sont encore chargés de livrer les médicamens, mais le traitement qui leur est assigné pour cet objet est si modique, qu'il est de toute impossibilité qu'ils puissent administrer aux chevaux malades tout ce qui est nécessaire pour leur rétablissement. Aussi un cheval entre-t-il à l'infirmerie pour cause de farcin, on extirpe, on cautérise les boutons qui caractérisent cette maladie, on panse ensuite les plaies avec des étoupes sèches, ou on les laisse à nu, et là se bornent tous les remèdes.

Quelque temps après, plusieurs chevaux ainsi traités viennent à jeter ; alors on passe des sétons, on les met à l'eau blanche, et bientôt, se trouvant complettement morveux, on les fait abattre. Un autre a-t-il une péripneumonie, soit catarrale, soit inflammmatoire, on applique encore des sétons et on donne quelques lavemens. La nature triomphe ou ne triomphe pas, peu importe. Ici un jeune cheval jette sa gourme, mais il manque de force pour expulser le levain qui l'entretient ; on n'emploie cette fois encore que les exutoires, et au bout de quelque temps, l'animal est affecté d'une autre maladie, devient morveux ou reste valétudinaire, etc., etc.

Telle est à peu près la manière dont on traite maintenant les chevaux de cavalerie, parce qu'en effet, il n'est guères possible aux Vétérinaires de les traiter différemment.

On ne doit donc pas être étonné d'aprés cela que l'on perde tant de chevaux, et que les Artistes instruits cherchent à se retirer du service.

Il est cependant encore quelques régimens où les Vétérinaires jouissent d'un traitement assez avantageux ; aussi y a-t-il une grande différence entre le nombre de chevaux que ces régimens perdent chaque année, avec ce qu'en perdent ceux où les Artistes n'ont que le quart ou le tiers des émolumens qu'ils devraient avoir.

Pour que les Vétérinaires fussent à même de traiter les chevaux malades comme il convient, il faudrait, je crois, qu'il leur fût accordé vingt centimes au moins par chaque cheval, par mois, pour l'achat des médicamens et instrumens, et qu'ils eussent en outre la paye de sous-lieutenant. Alors ces Artistes ne se trouveraient plus contraints d'être avares des médicamens les plus indispensables. Quand des chevaux entreraient à l'infirmerie, ils y recevraient tous les soins qu'on leur doit, et on ne les laisserait pas périr, comme cela arrive fréquemment, faute de faire quelques dépenses en médicamens, bandages, etc. Enfin les Vétérinaires jouissant d'un traitement honnête et d'une plus grande considération, ne seraient plus dégoûtés du service, se livreraient entièrement à leur art, dont ils chercheraient à reculer les bornes par les nombreuses observations qu'ils sont à portée de faire tous les jours, et dont le résultat, tendant à la conservation des chevaux de cavalerie, ne pourrait tourner qu'au profit de l'état.

XI.

Infériorité du Grade auquel sont assimilés les Artistes Vétérinaires.

Lorsque l'on fait attention aux grades auxquels sont assimilés les officiers de santé et les Artistes Vétérinaires, on est surpris de la distance qui existe entre ces deux grades, quoique les sciences dont s'occupent le chirurgien et l'Artiste soient à peu près les mêmes. Il est vrai que les sujets sur lesquels s'exercent les uns et les autres, ne sont pas également précieux à la société, et la différence de cet intérêt en établit naturellement une dans la considération. Mais cette ligne de démarcation doit-elle être au préjudice du Vétérinaire et de la conservation des chevaux, comme elle l'est aujourd'hui.

Il semble, en effet, dans la cavalerie, que l'art vétérinaire soit un art absolument mécanique, puisqu'on place ceux qui l'exercent parmi les ouvriers, tels que selliers, armuriers, tailleurs, bottiers, etc. (19).

Il paraît cependant que l'Artiste Vétérinaire, par le rapport qui existe entre son emploi et celui des officiers de santé, devrait plutôt être rangé dans la classe de ceux-ci, que dans celle des ouvriers.

Ne pourrait-on pas demander pourquoi un chirurgien de troisième classe, qui souvent n'a fait aucun cours, se trouve avoir le grade d'officier, tandis que l'Artiste Vétérinaire, aurait-il été professeur dans une école, n'a que celui de simple maréchal-des-logis? Les maladies qui attaquent les bestiaux exigent-elles donc moins d'étude et de soins que celles qui affectent l'humanité? Ou y a-t-il bien moins d'honneur à s'occuper de la médecine vétérinaire, que de la médecine humaine (20).

---

(19) L'Artiste ne jouit pas toujours néanmoins des mêmes avantages que ces ouvriers, et cela se remarque principalement pour le logement. Les premiers, par exemple, ont tous droit à deux chambres, tandis que le Vétérinaire est obligé d'après le réglement, de loger avec le trompette major: contraste des plus singuliers. Dans la même chambre un homme dont l'unique occupation est de faire de la musique et d'instruire des trompettes, et un autre dont l'exercice de l'art demande de la tranquillité et un grand travail d'esprit.

(20) Dans les autres états de l'Europe où il y a des Vétérinaires dans la cavalerie, ils sont beaucoup plus considérés qu'en France; tous ont le grade et la paye d'officier. Mais, aujourd'hui que les talens sont mieux encouragés et récompensés chez nous qu'ils ne l'ont jamais été, il est à présumer que les Vétérinaires français jouiront bientôt des mêmes avantages.

La nécessité de porter les Vétérinaires à un grade au-dessus de celui de maréchal-des-logis, doit être assez sentie par toutes les raisons rapportées dans les articles précédens. La conservation des chevaux semble l'exiger impérieusement.

Tous les jours ces animaux sont victimes des abus des plus grands, qui se découvrent aux yeux du Vétérinaire intelligent, et qu'il cherche vainement à réprimer. Souvent d'ailleurs, il est obligé de commander à des sous-officiers qui lui sont égaux en grade, et il est aisé de présumer de quelle manière ses ordres sont exécutés.

L'Artiste qui veut faire son devoir ne doit pas se borner uniquement au simple traitement des chevaux malades, il faut encore qu'il cherche tous les moyens de conserver la santé des autres. Ainsi, en station, il doit scrupuleusement veiller à la qualité du fourrage et des eaux, à la salubrité des écuries, à l'exercice nécessaire relativement aux saisons ou aux alimens, à la manière dont on doit faire travailler les jeunes chevaux, à ce que les harnachemens des animaux affectés de maladies contagieuses ne soient pas remis sur d'autres avant d'avoir été préalablement désinfectés, etc. En route, il doit surveiller également la nature des alimens solides et liquides, les écuries dans lesquelles on entasse souvent beaucoup plus de chevaux qu'elles ne peuvent en contenir; il doit sur-tout, en pareil cas, faire la plus grande attention à ce que les chevaux exténués de fatigue ne soient pas placés avec ceux qui ne se ressentent que peu des effets de la marche, attendu qu'ils sont toujours frustrés d'une partie de leur nourriture par ceux-ci.

Le Vétérinaire zélé sait que toutes ces choses le

regardent spécialement ; mais très-souvent, comment ses ordres sont-ils écoutés ? ou on les élude, ou on n'y prend pas garde.

Mais si une fois les Artistes étaient assimilés au grade qu'ils semblent mériter, il leur serait facile de veiller avec fruit à tout ce qui tend à la conservation des chevaux, et, satisfaits de la distinction dont ils jouiraient, ils chercheraient infailliblement tous les moyens de s'en rendre dignes.

Il est possible qu'on objecte que pour élever les Artistes au grade d'officier, il faudrait que tous réunissent les talens et les connaissances que leur art paraît exiger. On ne peut nier que plusieurs sont loin d'avoir toutes les lumières requises ; mais cette considération doit-elle influer sur le sort de l'Artiste éclairé ? Ne vaudrait-il pas mieux congédier les Vétérinaires incapables de remplir le poste qui leur est confié, et accorder à ceux qui sont instruits et zélés les distinctions que l'importance de leurs fonctions réclame naturellement ?

XII.

Peu de connaissances de plusieurs Artistes Vétérinaires.

Si l'on ne peut disconvenir que la cavalerie perde une multitude innombrable de chevaux par toutes les causes énoncées dans les articles précédens, on ne peut nier non plus qu'elle n'en perde beaucoup par le défaut de lumières de plusieurs Artistes.

Le peu de choix dans la nomination des sujets destinés à étudier la science vétérinaire, la trop grande tolérance que l'on a eue, en général, à l'égard de ceux qui n'avaient que peu ou pas de goût et d'application pour cette science, les troubles de la révolution, qui ont ralenti pendant trop long-temps l'instruction dans nos écoles comme dans tous les autres établissemens publics, le besoin d'Artistes aux armées, pendant cette dernière guerre, etc., etc., ont fait naître une foule de Vétérinaires très-peu instruits, qui la plupart se sont répandus dans la cavalerie, où ils déshonorent l'art qu'ils professent, et font payer cher le peu de service qu'ils rendent par la quantité de chevaux qui sont à chaque instant les victimes de leur ignorance et de leurs méprises. Heureux s'il n'en sortait plus de pareils des écoles !

Que l'on ne cherche pas ailleurs que dans ce que je viens de citer, le peu de confiance et l'espèce de mépris, que dans beaucoup de corps de cavalerie, on a pour les Vétérinaires, tandis qu'il semble qu'on devrait avoir pour eux les mêmes égards et la même considération que l'on a généralement pour les officiers de santé.

Voilà aussi ce qui a successivement donné lieu à la diminution du traitement des Artistes, et ce qui les a enfin tous réduits au point où ils sont aujourd'hui.

Il n'est pas indifférent qu'un Vétérinaire ait ou non la confiance du corps, et il ne peut l'avoir cette confiance, qu'autant qu'il l'a mérite par ses lumières, son zèle et sa conduite. Qu'espérer de ceux qui manquent de ces qualités ? combien de victimes n'ont-ils pas déjà fait et ne font-ils pas chaque jour avec une audace à qui l'ignorance seule donne de la force ?

Si l'on recherche les motifs qui ont pu engager plusieurs Colonels à préférer des maréchaux praticiens à des Vétérinaires, on verra que c'est après s'être convaincus de l'ignorance de plusieurs de ces derniers. Ainsi, s'il est urgent de faire remplacer ces maréchaux par des Artistes éclairés, il ne l'est pas moins d'en faire autant de ces *demi-Vétérinaires*, si je puis m'exprimer ainsi, trop communs aujourd'hui dans la cavalerie, où ils se font remarquer par la négligence et l'impéritie les plus absolues.

Les moyens de faire avec quelque succès cette réforme importante, serait, je crois, d'établir un Jury spécial, qui serait chargé d'examiner tous les brevets et certificats d'étude de ceux qui exercent l'art vétérinaire dans la cavalerie, de se faire représenter en même temps des certificats des corps dans lesquels ces Artistes pratiquent, et de peser s'ils sont ou non capables de continuer l'exercice des places qu'ils occupent. Tous ceux qu'on n'en jugerait pas dignes seraient sur le champ remplacés par d'autres qui se seraient présentés au jury à cet effet, et qui auraient donné des preuves non équivoques de leurs lumières.

Si une telle mesure ne paraissait pas assez sévère, pour remplir le but que je propose, on pourrait obliger tous ces Artistes à se rendre à une époque fixée par-devant le jury spécial, pour y subir un examen théorique et pratique sur les diverses branches de l'art; ce moyen est le plus long, et le plus dispendieux, mais il paraît aussi le plus efficace et le plus juste à tous égards.

On objectera, peut-être à cela, qu'il serait pénible pour les Artistes véritablement instruits et qui depuis longtemps exercent avec succès leur art dans la troupe, de venir se présenter à un tel examen, on en convient; mais il est à présumer qu'il n'y en aurait guères, pourvu qu'on les dédommageât des frais de leur voyage, qui s'y refusassent. Peut-être même la majeure partie d'entr'eux verraient-ils cette mesure avec plaisir ; et ils n'en devraient être en effet que satisfaits, en ce qu'ils ne verraient plus au nombre de leurs confrères, des hommes qui ne méritent nullement le titre de Vétérinaires, et qui font la honte de l'art et des écoles.

MOYENS qui, indépendamment de ceux énoncés à la suite des articles précédens, pourraient produire encore les plus heureux effets dans la cavalerie.

Outre l'avantage qui résulterait de la répression des abus ci-dessus mentionnés, il est encore des moyens qui semblent propres à diminuer de beaucoup la perte des chevaux de troupe.

Le premier serait de constituer des inspecteurs Vétérinaires, et le second de donner des prix d'encouragement aux deux ou trois Artistes qui dans le courant de chaque année, auraient le moins perdu de chevaux.

Ces inspecteurs Vétérinaires seraient adjoints aux colonels généraux de cavalerie, qui alors auraient une connaissance plus parfaite de tout ce qui se passe dans les corps. Il est à présumer que tant que l'on ne prendra pas cette mesure, on remarquera toujours une foule d'abus plus ou moins préjudiciables à la conservation des chevaux et aux progrès de la science vétérinaire.

L'utilité des prix paraît d'autant plus grande, que quelqu'avantageux que soit le traitement des Artistes, il s'en trouvera toujours quelques-uns qui, guidés par l'appât du gain, suivront leur ancienne methode, qui est de ne presque rien administrer aux animaux malades.

Les prix proposés stimuleraient inévitablement leur zèle, et les engageraient à faire tous leurs efforts pour diminuer la perte des chevaux de leurs régimens. Il est probable aussi que par ces moyens peu dispendieux, l'art se verrait bientôt enrichi d'une foule d'observations pratiques et d'expériences intéressantes qui lui donneraient un nouveau lustre.

Les fonctions de Vétérinaires inspecteurs seraient :

1.° De visiter seuls, ou conjointement avec les colonels généraux, auxquels ils seraient adjoints, tous les chevaux proposés pour les réformes et ceux de remonte que l'on aurait reçus nouvellement (21);

2.° De s'assurer, dans les tournées qu'ils feraient, de la salubrité des écuries, de la tenue des infirmeries, de la qualité des fourrages, des eaux, etc. (22);

3.° De prendre des renseignemens sur l'usage que que l'on fait des harnachemens provenant des chevaux affectés de maladies contagieuses, de voir si les procédés que l'on emploie pour les désinfecter sont suffisans etc. (23);

---

(21) S'il en était ainsi les officiers et les Vétérinaires commis pour les remontes feraient sans doute bien plus attention à la mission importante dont ils seraient chargés et on n'aurait pas la douleur de voir réformer des chevaux 18 mois ou 2 ans après leur arrivée au corps.

(22) On sent qu'il serait important pour cet article et pour quelques autres que la revue de ces Vétérinaires ne fût jamais annoncée; car, il en serait comme de la majeure partie des revues des inspecteurs, on trouverait tout en bon ordre, quelque fût le désordre qui régnât auparavant.

(23) Ceci obligerait indubitablement les chefs de corps

4.° De veiller à ce qu'il n'y eût d'autres personnes qui exerçassent la science vétérinaire dans la cavalerie, que celles qui seraient munies de brevets qui attesteraient leurs lumières (24);

5.° De prendre connaissance des épizooties qui se manifesteraient dans quelques régimens, et d'en faire connaître, autant que possible, les véritables causes (25);

6.° De recevoir tous les mois les procès-verbaux des chevaux morts dans les différens corps qui seraient soumis à leur inspection, et d'en publier chaque année un état où serait mentionné le genre de maladies auxquelles ils auraient succombé (26);

7.° De rendre compte des Artistes qui auraient produit quelques observations importantes sur diverses parties de l'art; de faire connaître ceux qui, pendant l'année, auraient le moins perdu de chevaux, et

---

les commandans des compagnies et les Vétérinaires à être plus attentifs sur ce point qu'on ne l'est généralement.

(24) Les commandans des corps se trouveraient contraints par ce moyen de prendre des Vétérinaires et non des maréchaux, qu'ils dirigent trop souvent à leur volonté et suivant leurs intérêts.

(25) Il est très-commun dans plus d'une garnison où il règne des épizooties d'en voir attribuer la cause aux eaux ou à l'air, tandis qu'elle réside presque toujours dans l'altération des fourrages. J'en ai cité quelques exemples dans le courant de ce mémoire.

(26) De cette manière on connaîtrait facilement la perte que l'on éprouverait en chevaux, chaque année, et quelles sont les maladies qui font le plus de ravages dans la cavalerie : deux points essentiels qui importent beaucoup aux intérêts du Gouvernement et aux progrès de la médecine vétérinaire.

de solliciter pour les uns et les autres les prix d'encouragement dus à leur mérite (27) ;

8.° De faire des recherches sur les races de chevaux qui conviennent le mieux à telle ou telle arme, et de répandre dans les pays où on les élève, les instructions nécessaires pour que les particuliers parviennent plus aisément au but qu'il se proposent (28);

9.° De se transporter, autant que possible, dans les garnisons où des contestations se seraient élevées sur la nature des fourrages, des eaux, ou lorsqu'une épizootie ferait de grands ravages.

10.° Enfin, de régler, en cas d'épizooties, les indemnités et les récompenses à accorder aux Vétérinaires qui les auraient combattues (29);

---

(27) Il est aisé de voir que la perte des chevaux ne peut être considérée qu'en temps de paix et abstraction faite des épizooties; mais dans ce dernier cas, les Artistes devraient être tenus de donner un mémoire sur ces maladies, et de prouver quelles n'ont pas été occasionnées par des causes qu'ils pouvaient prévoir ou détruire.

(28) On ne peut se disssimuler que nous n'avons encore que des notions incomplettes sur les races de chevaux les plus propres à remonter la cavalerie.

(29) Bien des Artistes sont quelquefois si peu dédommagés des peines qu'ils se sont données, et des frais qu'ils ont supportés pour traiter une épizootie, qu'ils négligent presque entièrement ou ne mettent en usage que de très-faibles moyens répressifs pour celles qui se manifestent par la suite. Et alors, semblables à des torrens que rien ne peut arrêter, ces maladies font des progrès désastreux, auxquels on oppose vainement ensuite toutes les ressources de l'art.

Ces Vétérinaires inspecteurs rendraient compte de leurs opérations aux colonels généraux auxquels ils seraient adjoints, et leur proposeraient les mesures qu'ils croiraient les plus propres à remédier aux abus qui seraient parvenus à leur connaissance.

Par-là, il est évident que la science vétérinaire prendrait tous les jours dans la cavalerie, un nouveau degré de perfection, et qu'il en resulterait infailliblement une grande diminution dans la quantité de chevaux de remonte qu'il faut chaque année.

A l'égard des prix, on pourrait les fixer à trois de différentes valeurs, et les faire consister chacun en une trousse et une médaille.

On objectera, peut-être, que tout ce qui vient d'être énoncé précédemment, se trouve du ressort des colonels généraux de cavalerie, et que le traitement des Vétérinaires qui leur seraient adjoints, et les prix à distribuer chaque année entraîneraient dans des dépenses inutiles. On répondra à cela qu'outre qu'il est de toute impossibilité que ces inspecteurs veillent à tout ce qui concerne directement ou indirectement la conservation des chevaux, si l'on balance les émolumens des Artistes qui leur seraient adjoints et les récompenses à accorder à ceux qui auraient proposé des améliorations, ou fait des découvertes importantes, avec la quantité de chevaux que ces mesures pourraient épargner chaque année, on sentira sans doute de quelle utilité il serait de les mettre à exécution.

Il ne serait peut-être pas inutile non plus, en temps de guerre sur-tout, d'établir à la suite de chaque division de l'armée une infirmerie générale, où seraient conduits et traités tous les chevaux atteints de coups de feu. On sauverait par ce moyen un très-grand nombre de ces animaux qui, s'ils ne pouvaient plus servir comme chevaux d'escadron, seraient du moins, comme le dit le professeur Delabère-Blaine (30), d'excellens chevaux de trait ou de bât, chose très-importante pour une armée.

Telles sont les vues que j'ai cru devoir présenter ici en abrégé. J'aurai pu m'étendre davantage sur chaque article, mais j'ai pensé qu'il suffirait pour appeler sur cet objet toute l'attention du gouvernement et des chefs de corps, d'indiquer succintement les principales causes qui concourent à détruire chaque jour tant de chevaux de troupe, et de faire connaître les remèdes que l'on croit les plus propres à leur être opposés.

(30) *Notions fondamentales de l'art vétérinaire*, etc.; ouvrage traduit de l'anglais, tome 3, page 323.

FIN.

www.ingramcontent.com/pod-product-compliance
Ingram Content Group UK Ltd.
Pitfield, Milton Keynes, MK11 3LW, UK
UKHW020426180726
13839UKWH00003B/1395